中国轻工业出版社

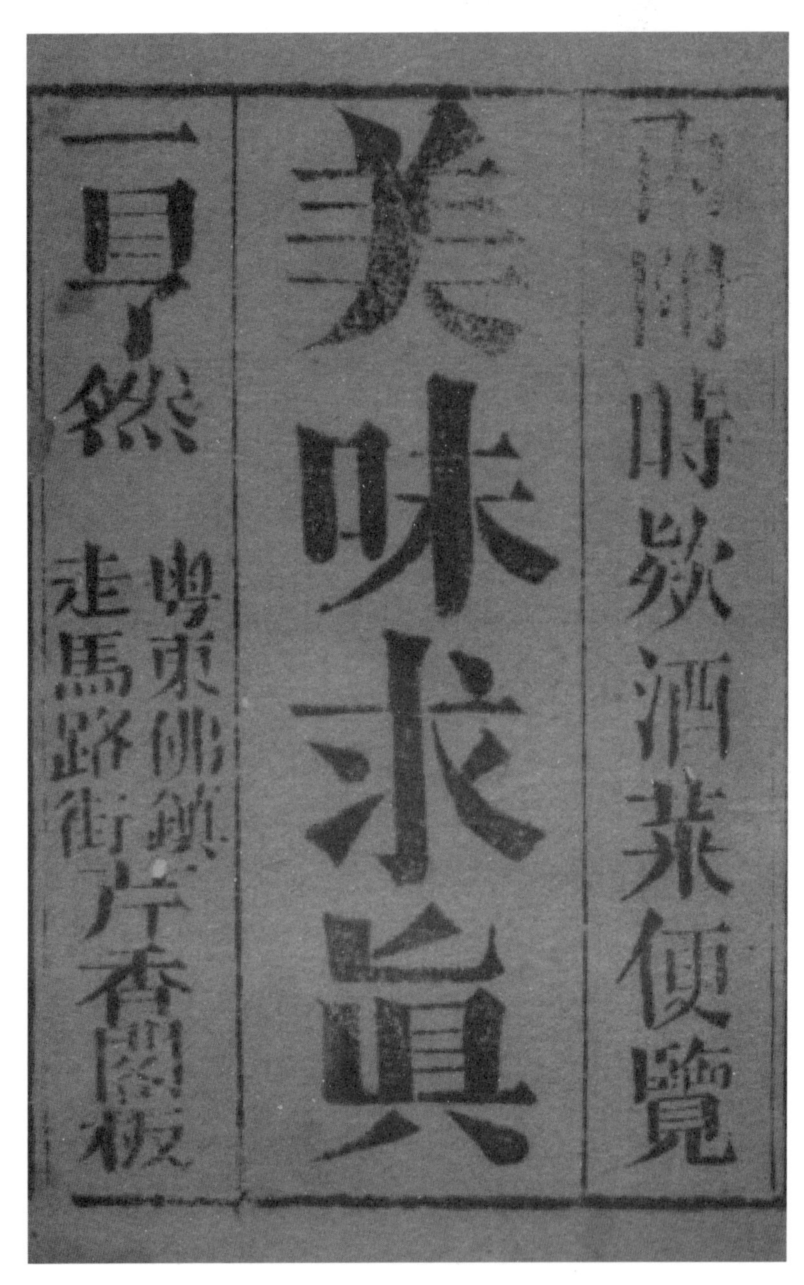

《美味求真》书影1

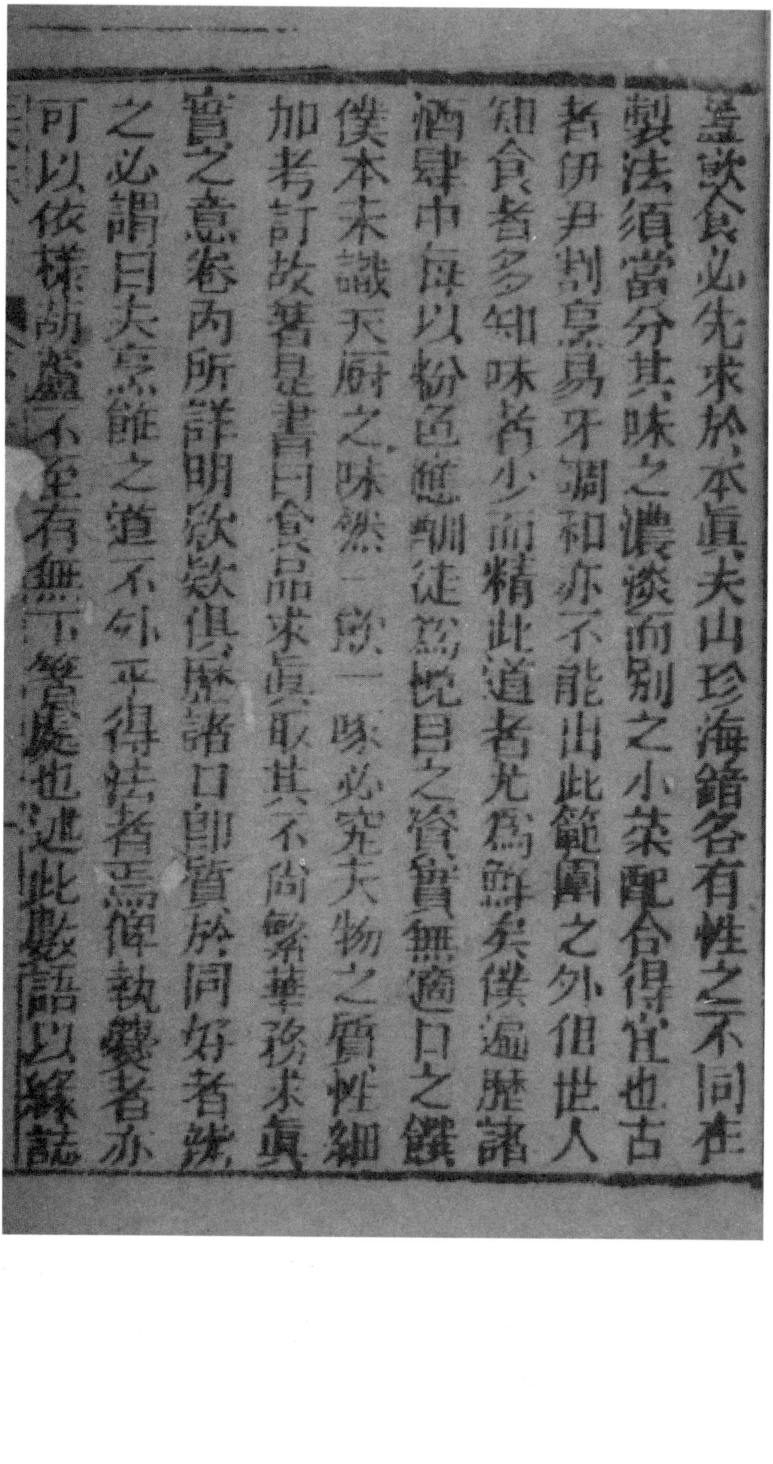

蓋飲食必先求於本真夫山珍海錯各有性之不同在製法須當分其味之濃淡而別之小菜配合得宜也古者伊尹割烹易牙調和亦不能出此範圍之外但世人知食者多知味者少而精此道者尤爲鮮矣僕遍歷諸酒肆中每以粉飾應酬徒爲悅目之資實無適口之饌僕本未識天廚之味然一飲一啄必究夫物之質性細加考訂故著是書曰食品求真取其不尚繁華務求真實之意卷內所詳明欲款俱歷諸口即質於同好者雖之必謂曰夫烹飪之道不外乎得法者焉俾執爨者亦可以依樣葫蘆不至有無下箸處也述此數語以爲誌

《美味求真》书影2

校注说明

《美味求真》是清末民初在广州及周边地区流传极广的一部菜谱，收录清末流行于广州、佛山等地的菜肴184道。

作者姓名生平待考，号红杏主人，室名仰苏慕李轩，书中所用粤语方言显示作者是一个广州人或久居广州的广东省人。

《美味求真》未见各种古籍目录著录。但清末广州、佛山刊十余种。其中广州丹桂堂、广州载经堂、佛山芹香阁光绪丁亥（1887年）版等存序，版式、内容几乎完全一样。其余版本无序。清末广州、佛山书坊以刻印面向普通大众的木鱼书（曲艺唱本）享盛名，质量不高，错、误较多。

本次整理《美味求真》，以刻印质量较高的佛山芹香阁刻本为底本，以文堂版为参校本。

具体校注原则如下：

1. 将繁体字竖排改为简体字横排，并加现代标点。

2. 凡底本中的繁体字、异体字、古字、俗字，予以径改，不出注。通假字，于首见处注释，不改字。难字、生僻字词于首见处出注。

3. 凡底本中有明显误脱衍倒之处，信而有征者，予以改正，并出校说明；无确切证据者，出校存疑。

4. 凡底本与校本之字有异，义皆可通者，原文不改，出校说明；校本明显有误者，不再出校。

5. 底本目录缺“烩海参”，予以补上；最后四条“制酒法”“香花酒”“甘露酒”“归圆酒”各版本均无正文，从目录中删去。

序

盖饮食必先求于本真。夫山珍海错[①]，各有性之。不同在制法，须当分其味之浓淡而别[②]之，小菜配合得宜也。古者伊尹[③]割烹，易牙[④]调和，亦不能出此范围之外。且世人知食者多，知味者少。而精此道者，尤为鲜矣。仆[⑤]遍历诸酒肆中，每以粉色应酬，徒为悦目之资，实无适口之馔。仆本未识天厨之

---

① 海错：海产品。

② 别：区分。

③ 伊尹：古代名厨。商初大臣，传为家奴出身，有莘氏女的陪嫁之臣。他背负鼎俎为汤烹炊，以烹调、五味为引子，分析天下大势与为政之道，劝汤承担灭夏大任。后为国政，帮助汤攻灭夏桀。

④ 易牙：古代名厨。春秋时齐桓公宠幸的近臣，擅长于调味、辨味，善于逢迎。

⑤ 仆：古代男子的谦称。

味，然一饮一啄[1]必究。夫物之质性，细加考订，故著是书，曰《食品求真》，取其不尚繁华，务求真实之意。卷内所详明，款款俱历诸口，即质于同好者办之，必谓曰："夫烹饪之道，不外乎得法者焉。俾[2]执爨[3]者，亦可以依样葫芦，不至有无下箸[4]处也。"述此数语，以缘志起欤！是为序。

时　光绪十三年[5]季夏

红杏主人识于仰苏慕李轩

---

① 一饮一啄：原指鸟类要吃就吃，想喝就喝，生活自由自在。后也指人的饮食。出自《庄子·养生主》："泽雉十步一啄，百步一饮，不蕲畜乎樊中。"

② 俾（bǐ）：使（达到某种效果）。

③ 爨（cuàn）：炉灶。

④ 箸：筷子。

⑤ 光绪十三年：即公元1887年。

食品求真例言

凡炖法有三要：一烂[1]，二汤水恰可，三要不失原味。此三者，一不可缺也。

凡炒法有七忌：一忌味不和，二忌汁多少，三忌火色不匀或老或嫩，四忌小菜不配合，五忌刀法不佳，六忌停冷，七忌用油多少。此七者，不可犯也。

凡蒸海鲜，必要用布抹干水气，然后下配料。以紧熟[2]为度，其味乃鲜滑。此汁系其津液之汁，非生水气之汁也。

凡用小菜，必因物之爽烂而配之。生于四时不同，可相物而用，不能执滞[3]也。

---

① 烂：原字作煁（chén），本指古代一种可以移动的火炉，系烂字误刻。后径改。

② 紧熟：刚刚熟。

③ 执滞：固执，拘泥。

凡菜式中有名纤头[1]者，乃豉油[2]、豆粉、白糖、料酒等件[3]之味也。此纤头有时不能不用，亦切不可多用。相物而下便合，使其齐相和味耳。

凡用火，有文武之别。物有刚柔之分，因物而施。如刚者用火多些，柔者用火少些。如炒卖俱宜，用武火乃可。

凡食必以美器，此为饮食中之明论也。

以上例言可使人规矩，欲巧则当细加调试，方为人妙。

---

① 纤头：由豉油、豆粉、白糖、料酒等组成的混合物。

② 豉油：酱油的广东叫法。

③ 件：物件，指调配料。

目录

栗子鸡

用肥鸡斩件[①]，用盐花[②]、朱油[③]揸[④]匀。下油锅，炸至黄色取起。用绍酒一杯，水一碗，约浸至鸡面，滚至七八分烂后，下栗子、香信[⑤]，再滚至烂。起碗时加些白油[⑥]，味香而滑。

八块鸡

肥鸡项[⑦]斩八块，用盐花、豆粉[⑧]少许揸匀，下油锅炸透。清冷水泡去油，用绍酒半斤、白油一小杯，用瓦砵[⑨]载住，隔水炖至极烂为度。可食美华。

---

① 件：广东叫法，意为“腱”，指连接肌肉和骨骼的由结缔组织所构成的纤维束或膜，色白，质地坚韧。
② 盐花：指细盐粒。
③ 朱油：广东叫法，一种用焦糖化反应产生的颜色重的酱油，又称珠油、滴珠油。
④ 揸（zhā）：广东叫法，意为“擦”。
⑤ 香信：香蕈，即香菇。
⑥ 白油：粤语，指生抽酱油，一种色淡味浓的酱油。
⑦ 鸡项：未生过鸡蛋的母鸡。芹香阁版作“鸡行”，粤语与“鸡项”同音，据以文堂本改。
⑧ 豆粉：即芡粉，烹调时勾芡用的淀粉。
⑨ 砵：通“钵”。

熨鸡[1]

用肥鸡项劏[2]净，在背开取肠脏，用烧酒搽匀里便[3]后，用朱油搽匀周身。正菜[4]一小子、香信几片、红枣几个，一齐加酒一茶杯，滚至紧熟，便可取起。切不可用金菜[5]，恐夺其鲜味，故也。

草菇炒鸡片

肥鸡起骨，片至薄片，用熟油、豆粉、白油揸匀。用草菇、冬笋先在锅滚熟后，加葱头、鸡肉，铺在小菜上一冚[6]。俟[7]其有八分熟，揭起盖即炒匀。如味淡，加些白油、熟油[8]和匀，即上碟即食。味爽而滑。

---

① 熨鸡：即煨鸡。
② 劏（tāng）：宰杀。
③ 里便：里边，里面。
④ 正菜：腌制大头菜（球茎甘蓝）。
⑤ 金菜：金针菜，即黄花菜。
⑥ 冚（kǎn）：粤语，盖着，盖着盖子。
⑦ 俟（sì）：等候，等待。
⑧ 熟油：加热过的油。

苦瓜炒鸡

弄法如草菇炒鸡便合。但用苦瓜以西园[①]种为妙。切薄片，先将盐揸匀，去苦水。先滚熟，后下鸡片。用些冬菇、香信兼之亦可。起锅时加些豆豉水[②]，不要渣，和纤头[③]拌匀上碟。味鲜野可嘉。

糟鸡

用鸡去骨，蒸至紧熟，取起候冷，切薄片。用糯米糟一时辰久后，加些姜汁、白油、麻油少许，熟油拌匀上碟。加些香头[④]。

---

① 西园：广州地名。清末民初时西园出产的苦瓜品种好。

② 豆豉水：豆豉没有充分融合而析出的汁液。

③ 纤头：由豉油、豆粉、白糖、料酒等组成的混合物。

④ 香头：香料料头。粤菜的香料料头，是根据炒制菜品的不同而恰当地投入从而提升菜肴本身的香。常见香料料头包括：鲜姜、南姜（潮州姜）、鲜沙姜、香葱（小葱）、京葱（大葱）、干葱（红葱头）、洋葱、蒜头、大蒜、潮州咸菜、金华火腿、火腩（烧肉）、大红咸鱼、冬菜、柠檬、陈皮等。

鸡蓉

用鸡胸肉起[①]皮，琢[②]极细如酱，用些豆粉、猪油拌匀，用上汤和搅，稍稀。先下汤在锅，收慢火，不使其汤滚起。然后下鸡蓉，即兜[③]至匀，然后下菜或鱼翅等件[④]，拌匀即上碗。或加在菜面[⑤]亦可。大凡鸡蓉以九分熟为度。若滚至十分，则老而不滑，且生布[⑥]矣。此物全靠火色恰可为佳。

鸡鸭烩[⑦]

用肥鸡鸭各一只，原只连骨用盐擦，里便外便[⑧]。用瓦砵载住，加绍酒半斤，无绍酒则用料酒一大杯。隔水炖至极烂为度。味香滑而厚。

---

① 起：去除。
② 琢：斩切，剁。
③ 兜：用锅铲翻动。
④ 件：材料，食材。
⑤ 面：表面。
⑥ 布：指肌肉纤维。
⑦ 烩：原文为“会”。
⑧ 里便外便：粤语，里面外面。指里外都要用盐擦。

烩鸡丝

将鸡斩开四件，用油煎过。下水炖至烂，取起拆丝。用冬笋、香信、葱白、肉丝同烩。加纤头兜匀。上碟，再加些少麻油亦可。味和美。

清蒸鸡[1]

肥鸡斩件，用熟油、白油、盐花、豆粉揸匀。用正菜、红枣、香信和匀在碟上，用碗盖住，在饭面上蒸之。饭熟，其鸡便熟。味鲜滑。

走油鹌鹑

斩件，用些豆粉、盐花些少[2]揸匀。下油锅炸至黄色，取起。用冬笋、香信、苔菜[3]、肉片同烩，起锅时加些纤头兜匀，上碟。加火腿数片亦妙。味酥香。

① 清蒸鸡：原文为“蒸鸡”，据目录改。
② 些少：少许。
③ 苔菜：一种脱水的菜干，复水后碧绿有光泽，炒制多久口感都脆嫩，嚼起来有脆响，安徽涡阳产的称贡菜。鲜苔是莴苣的一个特殊品种，比莴苣长、粗。

炒鹌鹑

劏净，起骨，切薄片，用些白油、豆粉揸匀。先将小菜[1]、苔菜、香信、冬笋、脢[2]肉片炒熟后下鹌肉，一盖[3]。俟其将熟，即揭起，加些纤头兜匀。加熟油拌匀上碟。味滑美。

鹌鹑松

劏净，琢幼[4]，加些脢肉同琢，小菜用五香豆腐、冬笋、苔菜、香信，俱切幼粒。先炒熟小菜，后下鹌肉滚[5]至紧熟。加纤头兜匀，上碟，加熟油、麻油。味香滑。

---

① 小菜：配菜。
② 脢（méi）：猪、牛等脊椎两旁的条状肌肉，即里脊。
③ 一盖：加锅盖。
④ 幼：细小。
⑤ 滚：水开冒泡。

五香白鸽

劏净，成只。用盐花少许擦匀，八角二粒，五香豆腐三五件，临食取起。绍酒一茶杯，香信几只，用砵载住，隔水炖至极烂。味香。

又法：炖烂后下卤水盆。一浸，取起上碗更佳。

炒白鸽

起骨切薄片，弄法照“炒鸡片”便合。小菜用香信、冬笋、苔菜、葱白、腩肉片。

又：将骨斩件，用豆粉、盐少许揸。又用油炸酥后，下水些少一滚。在碟底亦可。

蒸乳鸽

肥鸽劏净，原只用绍酒二两、白油一小杯，砵载隔水蒸烂便合。底用栗子同蒸亦可。小菜用些香信、正菜、红枣为妙。

全白鸽[1]

起骨放在砵下。绍酒一杯，盐花先搽[2]匀。熟莲子、香信、火腿齐下，隔水炖至极烂。味浓香滑。

炒鹧鸪

起骨，照“炒白鸽”便妙。小菜亦然。

全鹧鸪

弄法照“全白鸽”便合。此物能化痰，有益。味香。

葵花鸭

肥鸭起骨，滚至紧熟，切厚片。一片火腿一片鸭，用砵载住。绍酒一大杯，原汤一大杯，隔水炖至极烂，可食。

凡用火腿，须要出好水乃可。

---

① 全白鸽：此段原在“炒鹧鸪”“全鹧鸪”条后，现根据目录提前。

② 搽（chá）：涂抹。

煎软鸭

肥鸭起大骨及腿翼骨，用油煎过。用蒜头三粒、好原豉[1]揰[2]烂至幼。朱油、料酒和匀，并水浸至鸭面为度。下用香芋同滚至烂，留原汁作味，即切即食。

鸭三味

肥鸭起骨，照“炒鸭片”便合。扶翅[3]作羹，或良办[4]。骨斩件，炸酥，扪[5]酸。或琢极幼，作假鹌鹑松亦妙。

全鸭

肥鸭起骨，弄法照“全白鸽”便合。小菜用莲子或洋薏米[6]、栗子亦可。味香浓。

---

① 原豉：未经抽油的原油豆豉。
② 揰（chōng）：同“舂”，把东西放在石臼或钵里捣掉皮壳或捣碎。
③ 扶翅：粤语，家禽的内脏。
④ 良办：即“凉拌”。
⑤ 扪：即焖。
⑥ 洋薏米：南方小种薏米，药效上略逊于北方大薏米。

神仙鸭

肥鸭劏净，用盐二钱擦匀里外，砵载。以汾酒一杯连杯放在开肚处，不可被酒倒泻在鸭身，不过取其气味耳。隔水炖至极烂为度，取起酒杯，上碗。此法全不用小菜为佳。

冬菜鸭

肥鸭连骨。用冬菜[1]八钱，轻洗去沙，不可久浸，放在鸭内。绍酒一大杯，瓦砵载，隔水炖至极烂，上碗更妙。

清炖鸭

肥鸭起骨，用水一大碗，滚至熟，取起停冷，切厚块。用好生笋或冬笋切块。一件鸭一件笋兼[2]好，排于砵上。绍酒一杯、原汤一小碗，隔水炖至极烂。上碗时加白油一小杯便可。味清香。

---

① 冬菜：潮汕地区用大白菜、大蒜等腌制而成的一种半干状态发酵性调味品。

② 兼：间隔。

新陈鸭

肥鸭同好腊鸭各半，先将生鸭用油煎过。绍酒一大杯和水煲至烂，斩件，连汤上碗，加冬笋同煲更妙。味厚。

鸭羹

肥鸭起骨，切粒。用些白油、豆粉搽匀。用冬笋、香信、葱白、荅菜等俱切粒，同莲子先滚烂后，下鸭肉滚至熟。加些纤头，兜匀上碗。加些火腿粒更妙。

烩鸭丝

弄法照“烩鸡丝”便合。小菜因时而用可也。

清炖鸭掌

鸭掌生拆去骨，油炸过，绍酒二两和上汤滚至烂。无上汤则用清水，小菜用生笋、香信、火腿同炖。

炒鸭掌

拆去骨，下猛油锅炒之。小菜用冬笋、香信、苔菜同炒，或用瓜英[1]、蒜心同炒。上碟时加纤头拌匀，再加些麻油亦可。

窝烧绵羊[2]

精肥各半，切大长条。八角数粒，蒜头数粒，盐一撮，和水煲至烂。取起，擦些好朱油上面，用油炸至皮脆取起，切块上碗。以荷叶卷兼之更妙。

红炖绵羊

精肥各半，切件。先用水滚过，朱油搽匀，瓦砵载。绍酒四两，上汤一碗，隔水炖至极烂，上碗。小菜用些香信、红枣、栗子。

---

① 瓜英：广东糖渍酱菜，包括木瓜、青瓜、胡萝卜等。
② 绵羊：原作“棉羊”。

清炖绵羊

精肥各半，用水滚过，切件，下油锅。炒过生姜一两，绍酒一大杯，和水炖至极烂，加蒜头三粒，红枣数个同炖。连汤上碗。加些白油便妥。

炒绵羊

用羊腩肉切丝，生姜丝少许，同白油、豆粉揸匀。小菜用冬笋、香信、苔菜，先炒熟后下棉羊肉，滚至紧熟。加些纤头拌匀上碟。加些少麻油更可。

炖绵羊头

用水滚过，刮净，拆骨取肉，切件。用姜汁酒[1]炒过，绍酒四两和水同炖，至极烂。加红枣、正菜同炖便合。如欲有益，加北芪[2]五钱，防党[3]五钱同炖。

---

① 姜汁酒：粤菜中常用的一种调味料酒。去皮生姜剁碎浸泡于广东米酒中加工而成。

② 北芪：东北黄芪，中药材，有补气固表、利尿之功效。

③ 防党：即防党参，中药材，为产于甘肃武都一带的野党参经酒洒蒸制后内色变黑、皮色黄，横纹类似防风，故名防党参。品质优良。补中益气，健脾益肺。

吊上汤

将鸡鸭猪肉汤取齐在锅，滚起至浓。用无盐生鸡鸭血搅稀，淋于汤上，滚之。俟其浓浊之气全被血敛埋，用布隔过，再下锅滚，一便[1]滚一便撞[2]些清水。俟见汤滚至清，再用布隔过，瓦盆载住，放在锅，蒸滚后用。如家常用者则用猪肉并左口鱼[3]煎汤即可。

熬素汤

用大豆芽菜[4]十余斤，下清水熬至芽菜味出。在汤内取起菜，滚至浓，用布格[5]过[6]，盆载，灰火坐住[7]，候白[8]。

---

① 一便：一边。
② 撞：装。
③ 左口鱼：即牙鲆，比目鱼科的鱼，栖息在南海浅海的沙质海底。
④ 大豆芽菜：黄豆芽。
⑤ 格：同“隔”，过滤。
⑥ 过：芹香阁版作“外”，按以文堂版改。
⑦ 灰火坐住：坐落在有灰火余烬的炉子上。
⑧ 候白：等候汤色变白。

一品窝

肥鸡鸭各一只，白鸽一只，用盐搽匀内外。元蹄[1]一个，鲍鱼三两，出水洗净，切厚件。油酒炒过。刺参、生翅泡至透水，齐下锅。一品窝内加绍酒半斤，加上汤一小碗，隔水炖至极烂为度。一品窝材料甚多，随人便用。且物如难烂，则先下；如易烂，则后些下更妥。

燕窝羹

用洁白窝丝或窝块泡透，执清[2]毛，用汤或水滚至烂，如玉色便可。底用白鸽蛋，加些火腿丝在面。如食甜，则用清水滚至烂，加冰糖食之，此物至清洁，不宜下重浊之物配之，又宜以滚至烂为佳。如若滚不熟，则食令人泻，慎之！

① 元蹄：猪蹄。
② 执清：清理，收拾。

炖鱼翅

洗生翅法：先将原翅下锅，加些柴灰，和水滚数次，取起。刮去沙，如未净再滚，再刮。俟清楚后再换水滚过，取起去肉，净翅又滚一次，下山水冷浸之。勤换水浸至透，必使其去清灰味。然后下汤煨三次，煨至极烂上碗。底用蟹肉，加些火腿在面。味清爽。

炖群翅

用原只小翅，出水照前法，心机[①]更多。使其成只上碗，勿使散乱。此灰味未免难去些，多滚一两次为佳。

芙蓉鱼翅

鱼翅出清水，去灰味。用汤炖至极烂。取起去汤，格干。冬笋、香信、火腿切丝，先炒熟，用鸡蛋数只，和鱼翅、盐花、小菜拌匀，下油在锅，煎如饼样，上碟即可。

① 心机：用心思，有窍门。

清炖鱼肚

先将原只鱼肚出水去灰味，再滚至刮得去外便一层，留里便一层爽的，切件。用上汤炖至烂，加火腿配之上碗。此物要心机，如火多则生胶，如小则硬，全靠火色为佳。味爽而烂，有益。

烩鱼肚

将鱼肚斩件，用油炸至透。先用武火后用文火炸之。滚油时，俟其油多起青烟，然后下鱼肚。见其内外俱透，即兜起放冷水上泡，揸去清油气泡数次乃可。后用上汤滚至烂，使其汤味入内，乃上碗时加些白油。味爽。

烩海参

先出水开肚，去净沙泥，用牙刷刷去外边沙泥灰气，再滚一次再洗，用清水泡透[1]后，用汤滚至烂。上碗。底用卤肉丸亦可。

① 透：芹香阁版作“滚”，据以文堂版改。

海参羹

照前法洗净，汤滚烂，切粒。小菜用冬笋、香信、猪肉，切粒同烩。上碗时加些纤头便可。

黄鱼头

出清灰味，取明净的用冷水泡透，先用水滚至将烂，后用上汤煨，使其汤味入内乃可，上碗，加火腿。此物全靠火色，火多则泻[1]，火少则硬。

海秋筋[2]

用火炙过，出水二三次，切大粒，清水泡透。用汤炖至极烂，上碗。加火腿粒便妙。味爽滑。

鲍鱼

先用水滚过，去清沙及灰味，再滚一次，切厚片。用姜汁酒炒过，和水煲至极烂。或用猪肚同煲亦可。

---

① 泻：软塌塌的样子。

② 秋海筋：海鳍的筋，传统海产干货，现在几乎不再使用。也泛指海鱼之筋。海鳍，即露脊鲸。

炙鱿鱼

先将鱼用湿布抹去灰气后，用熟油搽匀。以铁线[①]串住放在炭火上炙之，见其周身起泡便可取起。手拆丝，加麻油、熟油、浙醋[②]、白糖少许，拌匀上碟。底用酸荞头[③]切丝更佳。味香甘。

炒鱿鱼

用好钓片[④]浸透，以近骨便起花切块。用姜汁酒拌匀。下猛油锅炒之，见起卷即下纤头，炒匀即上碟。小菜随时而用，先滚熟同炒便是。

---

① 铁线：铁丝。

② 浙醋：一种液态发酵食醋。清代由浙江官宦家厨随主人客居广东时酿制，流行于广东。

③ 酸荞头：一种腌制食品，具甜、酸、辛味，河源出产的著名。荞头，即藠（jiào）头。

④ 钓片：即吊片，指干鱿鱼。

炖大虾

浸透，每只开两件，用姜汁酒炒过。肥猪肉、肇菜[①]同炖至烂。或冬笋更妙。

扣蚝豉[②]

取新者先滚一过，或用水浸透，洗净沙泥，姜汁酒炒过。用网膏[③]每只包住，走过油更妙。好原豉、蒜头三粒共捣劝，拌匀放砵上。加绍酒三两，隔水炖至极烂为度。

炙蚝豉

洗净沙，布抹干，用熟油擦匀周身。用铁线穿住，放于炭火上炙之。俟炙透，切片，用浙醋、麻油、白糖少许，拌匀上碟。味淡加白油同拌。

---

① 肇菜：广东大白菜。在外形上，属于散叶型，不结球包心，菜梗是浅绿色，菜叶相对比黄芽白稍长，呈青绿色。

② 蚝豉：也称蛎干，牡蛎肉的干制品。蚝，即牡蛎。

③ 网膏：猪网油。

蚝豉松

洗净沙，切粒。下姜汁酒炒过。小菜用苔菜、冬笋、香信、肉粒、五香豆腐，俱切粒，同炒。上碟时加纤头兜匀，或加腊鸭尾同炒亦可。

冬菇

取嫩白花顶[1]者，去蒂，浸湿，即洗净，用些姜汁酒炒过。用羔汁[2]二两，和水炖至烂，上碗。底用白果或百合。如素菜用熟油二两同炖。底或用肇菜，炖烂更好。

① 嫩白花顶：顶面有花纹的香菇，也称为花菇。
② 羔汁：即膏汁，半流体状态的猪油或鸡油。

蘑菇

以口外[1]嫩白者为上，用些柴灰和水滚一过，用清水泡之，以牙刷每只刷去沙泥，泡净灰味。用些姜汁酒炒过，用膏汁[2]二两和水同炖至烂。或用上汤炖亦可。

草菇

取时先去头之沙泥后，用水浸湿即洗，留原水作汤入锅，滚二三次便可。水豆腐作底亦可，或冬笋。

---

① 口外：口是指河北张家口，这里用的原料是“口蘑”。口蘑是生长在蒙古草原上的一种白色伞菌属野生蘑菇，一般生长在有羊骨或羊粪的地方，味道异常鲜美，由于蒙古土特产以前都通过河北省张家口市输往内地，张家口是蒙古货物的集散地，所以被称为“口蘑”。

② 膏汁：同羔汁，半流体状态的猪油或鸡油。

榆耳[①]

浸透洗净，用水滚数次，方去枯臊之气。用上汤炖至烂便可。如素菜则用豆菜汤[②]或三菇[③]水同炖亦可。

雪耳[④]

取洁白者浸透洗净，同上汤滚至烂，上碗。加火腿片更妙。如素菜用三菇水同滚便合。

石耳[⑤]

用炉底灰和水滚过，刮去青苔、沙泥之积[⑥]，泡透。用上汤滚至烂，加鸡皮、火腿片，上碗。或蚧肉更妥。此物滋阴清热。

---

① 榆耳：又称榆蘑，学名胶韧革菌，自然分布于我国东北三省。榆耳味道鲜美，兼具药效，享有“森林食品之王”的美称。当地人采食其野生子实体，并用来治疗菌痢。

② 豆菜汤：指用黄豆芽制的汤。

③ 三菇：即香菇、草菇、口蘑。

④ 雪耳：即银耳。

⑤ 石耳：一名石壁花。为地衣门石耳科植物。生于岩石上，体扁平，呈不规则圆形，上面褐色，背面被黑色绒毛。

⑥ 积：积垢。

羊肚菜[1]

浸透，去丁[2]，洗清沙，出水二次，用上汤炖之。候烂，加火腿片、冬笋片，上碗。如素菜用豆菜汤同炖。

葛仙米[3]

以青绿为佳。水浸透泡净沙泥，用上汤炖烂。加火腿粒上碗。或甜食，用水煲烂，加冰花[4]同滚，清爽消滞[5]，多食能延寿。

---

① 羊肚菜：即羊肚菌，其外形如半收起的伞，表面呈蜂窝状，酷似翻个的羊肚，故名，菌盖为浅褐色下部边缘与粗大中空的菌柄相连。

② 丁：这里指菌蒂。

③ 葛仙米：俗称天仙米、天仙菜、水木耳、田木耳，为水生藻类植物，属蓝绿藻的一种，单细胞，无根无叶，墨绿色珠状，纯野生，是名副其实的纯天然绿色食品。相传东晋时期，炼丹术家、医学家、道教理论家葛洪在隐居南土时，灾荒之年采以为食，偶获健体之功能。后来葛洪入朝以此献给皇上，体弱太子食后病除体壮，皇上为感谢葛洪之功，随将"天仙米"赐名"葛仙米"，沿称至今。

④ 冰花：冰糖。

⑤ 消滞：消除脾胃气滞或饮食积滞所致的脘腹胀痛、嗳气、呕吐等。

发菜[1]

浸透洗净，择去草根，水泡透，上汤滚之。上碗加火腿丝、冬笋丝便合。如素菜用三菇水或豆菜汤同滚，加冬笋丝拌匀上碗。味爽能消食。

芙蓉肉

脢肉切丝，白油、豆粉、干酱少许揸匀。下锅炒至熟，即下鸡蛋，兜匀，上碟。底用油炸粉丝，食时用箸拌匀便可。

① 发菜：即发状念珠藻，我国西北地区的沙漠和贫瘠土壤中出产。因其色黑而细长，如人的头发而得名。广东人取谐音“发财”之意。目前是国家一级重点保护野生植物，禁止采集和销售。

什锦肉

脢肉[1]切丝，干酱[2]、豆粉、白油揸匀。小菜用五香豆腐、云耳[3]、茶瓜[4]、香信、韭菜、冬笋丝同炒[5]，上碟。加煎鸡蛋丝、油炸粉丝拌食。

子盖肉

肥肉一豚[6]，八角数粒，盐一撮，下水煲八分烂，取起候冷透。去皮，切二寸大块后，用椒末、朱油揸匀。再用干面少许，和鸡蛋湛匀，下油锅，炸至黄色、皮脆取起，上碗。兼荷叶卷或小包[7]更妙。

---

① 脢：即背脊肉。

② 干酱：用大豆、面粉等采用固态低盐发酵制成的水分较少的豆酱，也称黄干酱。

③ 云耳：即黑木耳。

④ 茶瓜：把白瓜（菜瓜、生瓜）用醋、糖等调味料腌制而成，味道甜而带微酸，可佐餐放汤。

⑤ 同炒：芹香阁版作“炒碟”，按以文堂版改。

⑥ 豚（tún）：同臀，臀部肉。

⑦ 包：原作“饱”。下同。

朱砂肉

腩肉要五花处，切厚块，用朱油、干酱、椒末少许揸匀。先将炒米研烂，将猪肉卷之，用莲叶乘[1]住，隔水炖至极烂，取食。味甘香，外省人[2]最喜食之。

酥扣肉

豚[3]肉成豚[4]，盐一撮，八角、小茴少许，和水煲至七分烂，取起俟冷透，切方砧[5]大，用蛋、面少许揸匀。下油锅炸至红色，即取起放在冻水上泡去油气，砵载住，加绍酒三两，隔水炖至极烂，上碗。兼荷叶卷，及小包更妙。

---

① 乘：同盛，盛装。

② 外省人：作者是广东人，外省人是指广东省以外的人。

③ 豚（tún）：小猪。

④ 成豚：一整块臀部肉。

⑤ 方砧：稍厚的片状。

薄片肉

用脊头肥肉，先将水滚熟，取起放在冷水浸冻，取起用刀片大块，以薄为妙。后用芥末、浙醋、蒜蓉拌食。底用炒青豆角便合。夏天菜也。

红扣肉

肥肉一豚，水滚熟取起。搽朱油在上，下油锅炸至皮红色取起，放在冷水泡过，切厚件排于砵上，加绍酒三两，隔水炖至极烂为度。味甘厚。

白水全蹄

用肥猪上踭[1]一个，用砵乘之。加绍酒四两、八角三粒，先用盐擦匀肉，隔水炖至极烂为度。

栗子扣肉

精肥各半，切方砧，用朱油揸匀。下油炸至红色取起，加绍酒四两和水炖至烂。加栗子同炖，上碗，加白油。味甘厚。

---

① 上踭：前肘。

蒸猪头

猪笑面[1]一个，以皮薄为佳。出过水，即放在冷水泡过，刮净。用好原豉、朱油、料酒、干酱，和水浸至肉面为度。后下香芋同蒸至烂。取汁作味，即切即食。如冻则生胶，不佳。味香爽而烂。

滑肉羹

脢肉切薄片，白油、豆粉揸匀。小菜用草菇或青丝瓜滚至紧熟便可。上碗，则自然鲜滑。

熨[2]猪手[3]

刮净，斩件，用朱油揸匀。乌醋[4]料、生姜酒和水煲之后，用豆豉、面豉、蒜头捣幼齐下，同煲至烂。味香野。或用烧猪脚[5]同煲更妙。

---

① 猪笑面：猪头，因猪脸看似笑脸而得名。
② 熨：应为煨。
③ 猪手：广东把猪前蹄称为猪手，有时也是猪蹄统称。
④ 乌醋：黑米醋。将米炒至碳化，白醋趁热倒入即为乌醋。
⑤ 猪脚：广东把猪后蹄称为猪脚，有时也是猪蹄统称。

烧肝肠

猪膶[1]切碎，盐醃[2]去血水，姜汁酒揸匀。猪肉切碎，朱油拌匀。加蒜蓉、香料少许，共和匀，入干猪粉肠内，草扎住。用针刺过，下猛油锅炸至红色，俟熟取起，切片上碟。猪肠先去膏衣乃可。

锅烧肠

用猪大肠刮净，先下，和水煲烂。取起后，用椒盐、蒜蓉、香料少许，入肠内揸匀。草扎住头尾，下猛油锅炸至红色取起，切件即食。味香甘烂。

炒排骨

生排骨切五六分大，用朱油、豆粉揸匀。下油锅炸酥取起。用蒜蓉、浙醋、白糖、白油、料酒、豆粉和水滚匀，上碟。食味酥香。

---

① 猪膶（rùn）：粤语，猪肝。“膶”为婉辞，由于“肝”与“干瘪”的“干”同音，广东话因忌讳而改为“丰润”的“润”，写作“膶”。

② 醃：同“腌”。

炒银肚丝

猪肚取近蒂处，洗净切丝，下锅炒至紧熟。即将先炒熟之小菜加纤头兜匀，即上碟。味爽。

炒猪肚

洗净切花切片，用虾眼水[①]泡过，取起格干，再用蚧汁揸匀，炒之，则无不爽。如配法照前便合。

凉办[②]肚

用近蒂处先滚熟，切薄片后，用芥末、浙醋、蒜蓉、麻油、白糖拌匀上碟。味爽。此夏天菜也。

葛扣肉

肥瘦肉各半，切厚块，用盐花揸匀，下油锅炸透，用粉葛、绍酒二两和水炖至烂为度。味甘而厚。

① 虾眼水：指加热后刚冒泡时的水，水泡状似虾眼。温度在70～90℃上下。

② 凉办：凉拌。

金银腿

火腿脚出清灰味，水刮毛，去净骨；生猪脚亦去骨。用绍酒四两，和水煲至极烂，上碗。此法汤与肉味俱佳。

冬瓜腿

火腿出清水，切片。冬瓜切双飞片[①]，一片冬瓜兼火腿一块。砌于砵上。用绍酒二两，格水炖至烂，上碗。此夏天菜也。

肇菜腿

用好干水肇菜，弄法照冬瓜腿便合。此冬天菜也。味胜前菜[②]。

---

① 双飞片：两片粘连，俗称双飞片。切片时一刀不切断，一刀切断。

② 味胜前菜：芹香阁版作“味较胜些”，据以文堂版改。

鸳鸯鸡

先将鸡滚熟，取起滩冻[①]，起骨切片。又将出净水之火腿切去肥的不用，随以姜汁酒蒸过取起，滩冻，切片如牌样。以一片鸡兼一片火腿，上碟。少[②]者十六件，多[③]则十八九件，乃为合式。食时用芥末、浙醋佐之。

水晶鸡

将鸡起骨切片，用鸡蛋白和苓粉[④]搅匀，拌鸡片。用滚水一浸[⑤]，即取起，用冬菇、红枣、绍酒和水蒸熟，上碗。

① 滩冻：粤语，摊放至凉。
② 少：芹香阁版作“多”，据以文堂版改。
③ 多：芹香阁版作“少”，据以文堂版改。
④ 苓粉：茯苓粉。
⑤ 浸：芹香阁版作“湛”，据以文堂版改。

棋子鸡

用鸭肉、火腿、天津葱头、正菜、香信琢烂，以绍酒、姜汁、白油、熟油、汾酒少许拌匀。用猪肠去膏衣，将鸭肉入内烧熟，或蒸熟亦可。食时切成棋子样，上碟，加纤头食之。

全鹅

起骨，用盐花擦匀周身，放在砵中。以绍酒一大杯加熟莲、栗子、火腿齐下，隔水炖至极烂食之。

拆烧鹅

将烧鹅起骨拆丝，小菜用香信、葱白、冬笋同烩，上碟。加香头、菊花拌食，味香甘可嘉。

炒鹅片

起骨，切薄片。弄法照“炒鸭片”便合。或炒酸甜亦可。

炒鹅掌

弄法照下“炒鸭掌”便和。清炖亦可。

鸡蓉鱼翅

生翅，先将原翅下锅，加些柴灰，和水滚数次。取起，刮去沙，如未净再滚再刮。候清楚后，再换水滚过。取起，去肉净翅，又滚一次。下清水冷浸之，宜勤换水。浸至透，必使其去清灰味。然后下汤炖至极烂，上碗。如用鸡蓉，自上碗时将鸡蓉拌之底，用蚧肉更妙。加些火腿在面，味清爽。如家中常用者，则去净水后，下猪肉煲至烂可也。

炒鸭掌

生拆去骨，下猛油锅炒之。小菜用冬笋、香信、苔菜同炒，或用瓜英、蒜心同炒。上碟时加纤头拌匀。再加些麻油亦可。

炒响螺

打开，净要[1]头，刮去潺[2]，近掩[3]处硬的切去，洗净，切薄片，下油锅炒至紧熟便可。小菜用冬笋、香信、肥肉、白菜同炒，上碟时加纤头兜匀。免白糖后，加麻油。味爽甜。

炖水鱼[4]

用原只将滚水泡去衣，劏开去脏去膏，洗清血，用姜汁酒下猛锅炒过，加绍酒四两或用料酒一大杯亦可，和水炖烂。小菜用烧腩[5]、冬笋、栗子、香信同[6]炖便合。味甜而滑。

---

① 净要：只要，仅要。

② 潺：黏液。

③ 掩：同厣（yǎn），这里指螺类介壳口圆片状的盖。

④ 水鱼：甲鱼。

⑤ 烧腩：粤菜中的一种烧腊制品，是用腌料把猪五花肉腌渍入味，然后烧烤制成。

⑥ 同：原作仝（tóng）。

炖山瑞[1]

弄法照水鱼炖法便合，但要火多些。味香滑有益。

炖耳蟮[2]

取大蟮[3]泡热水，去潺，切寸段。用油、盐、水、果皮[4]、正菜炖至烂。小菜用冬瓜走过油，烧腩、香信同炖，加蒜子少许同炖。食时加熟油、麻油拌匀。味香甘而滑。

① 山瑞：山瑞鳖，生活于山地的河流和池塘中，较为肥厚，体长30～40厘米，宽23厘米左右，重20千克左右。

② 耳蟮：应作“耳鳝”，也叫乌耳鳝，即鳗鲡鱼，是鳗鱼的俗称，又叫白鳝、风鳝。《广东新语·介语》：乌耳鳝，白脚鱼，滋阴降火只须臾。

③ 大鳝：指耳蟮，即鳗鲡、白鳝。

④ 果皮：陈皮，广东新会产地道。

炖退骨鳝

大鳝泡热水，去潺，切寸断。先滚熟，退去骨，用琢猪肉酿在鳝内，每节用猪网膏包住，以干豆粉拌匀，下油锅炸透，放在砵中。加绍酒三两，水一小碗，炖至烂。小菜用栗子二两，或走油冬瓜同炖亦可。味甘香。

炒马鞍鳝

用大黄鳝起去骨，布抹去潺，切寸断。用些虾眼水拖过，再下油锅炒至紧热。小菜用瓜英、酸姜、葱头切片同炒便合。上碟时，加些蒜蓉和纤头兜匀便合。味爽而滑，小菜或用酸黄瓜生炒之。上碟时加纤头亦可。

烩鳝羹

大黄鳝滚热，拆去骨，起粗丝。用熟油、黄酒拌匀，小菜用香信、茶瓜、韭菜花、肥肉丝、五香豆腐、粉丝先炒熟后，和原汤烩之。上碟时加些纤头拌匀便合。或连原汤烩好上碗。作羹，加些麻油，味香甜而滑。

炖鲋鱼[1]

用原件将猪网膏包住，油、盐、水下锅，炖至烂。水以浸至鱼面为度。加生姜数片，炖至将烂。加干酱、白油和匀便可。底用瓜荚拌食。

炒鲋鱼

起骨，切片，用熟油拌匀。小菜用冬笋、香信、葱白、苔菜，先炒熟。后用油锅炒鱼，即加纤头兜匀，上碟，加熟油、麻油便妥。味鲜爽。

炖鲟龙[2]

弄法照"炖鲋鱼"便合，小菜亦然。味鲜爽。

---

① 鲋（hān）鱼：即斑鰶，也称芝麻鲋，是我国珠江水系中主要分布于西江和北江的名贵经济鱼类，并与鲈鱼、嘉鱼、鳜鱼一起被誉为珠江四大名鱼。

② 鲟龙：鲟鱼。

炒鲟龙

弄法照"炒鲥鱼"便合。此二物宜炖，尤胜于炒。

鲈鱼羹

将鱼用油、盐、水先滚熟，取起拆碎去骨，用黄酒、熟油拌匀。小菜用肉丝、香信、粉丝、葱白、苔菜丝，先滚熟后，下鱼肉，加的纤头兜匀，上碗。加些熟油、麻油拌食，有菊花同拌更佳。

炒鲈鱼片

弄法照"炒鲥鱼"便合，小菜亦然。味鲜爽。

芙蓉蟹

将蟹[1]蒸熟拆肉，小菜用猪肉丝、香信、葱白，先炒熟后，和鸡蛋搅匀，煎作饼大，上碟。加纤头滚匀，铺上面便可。味鲜甜。凡蚧忌麻油，切不可下之。

① 蟹：原作"蚧"。

蟹翅丸

先将鱼翅滚烂，蚧拆肉。用鲮鱼[1]起骨，皮琢极幼。加豆粉、盐水，搅至起胶后，下鱼翅、蚧肉、香信、肥肉，和匀作丸，筛[2]载住蒸熟，取起候冷，加纤头，在锅滚匀，上碗。味爽甜。

酥蟹

用肉蟹仔[3]斩件，豆粉拌匀，下油锅炸酥脆，取起。用酸梅、白糖、豆粉、蒜蓉，和些水下锅炒匀，上碟。味酥香。

---

① 鲮鱼：今作鲮鱼。
② 筛：蒸笼。
③ 肉蟹仔：公蟹。

糟蟹

用黄膏蟹仔[①]去掩，剥开洗净，用盐少许腌之。后用好糯糟[②]糟[③]之，以糟至蚧面为度，用罂[④]载之。熟油封口，至十日间可食。先一二日转一遍，使其上下味匀。欲食时，取出放在饭面一局[⑤]便可，又：不可久局。恐老则不鲜滑矣。

翡翠蟹

将蟹蒸熟拆肉，用西园苦瓜去净囊[⑥]，切马耳片[⑦]。用盐揸过，去苦水，同些香信下油锅，先炒熟小菜后，下蟹肉并纤头兜匀，即上碟。味清爽甜。夏天菜也。

---

① 黄膏蟹仔：母蟹。
② 糯糟：糯米酒的酒糟。
③ 糟：动词，用酒糟浸泡食物。
④ 罂（yīng）：大腹小口的陶制容器。
⑤ 局：即焗，粤语，将锅盖严焖煮或蒸。
⑥ 囊：即瓤。
⑦ 马耳片：斜切成片，形似马的耳朵。

蟹羹

将蟹蒸熟，拆肉。小菜用冬笋、香信、猪肉，俱切粒，杬仁[①]去皮，同先滚熟后下蟹肉，加纤头兜匀，连汤上碗。味极鲜甜。

蟹烧茄

先将熟蟹拆肉，用嫩紫茄去皮切长丝或切小马耳，下油锅炸熟，取起后用蒜蓉、浙醋、白糖拌匀后，下蟹肉和纤头滚匀，铺上茄面便合。味鲜野可取。

炒明虾

先去壳，每只切两片，用熟油拌匀。小菜用冬笋、香信、葱白、旱芹、肥肉，先炒熟后，下油锅炒虾。即下纤头兜匀，上碟。味鲜甜爽滑。虾头用鸡蛋湛[②]匀、煎香，另碟载或冲酒食亦妙。

① 杬（yuán）仁：即榄仁，榄核中的果仁。
② 湛：即蘸。

糟明虾

成只用盐腌过，用糯糟腌之。瓦罂载住，熟油封口，五六日可食。味鲜美。

炒虾仁

生虾去壳，成只炒。弄法照“炒明虾”便合。小菜因时而用可也。

芙蓉虾

成只生虾去壳，弄法照“芙蓉蟹”便合。

瓜皮虾

即凉拌虾米也。

用鲜红虾米浸透，炒过，用黄瓜去囊，切薄片，用盐揸过，以白醋腌酸，去醋汁，加白醋多些，拌匀。后下海蜇[①]、麻油、熟油拌匀，上碟。味甚爽脆。

① 海蜇：原作海“浙”。

虾子豆腐

白豆腐去底面，切幼粒，用绍酒少许和上汤滚之。后加虾子一小杯，同纤头滚匀，上碗。加些火腿粒在面。味鲜滑甘美。虾子往天津店有卖，但要新鲜者为佳。

八宝豆腐

豆腐去皮切碎，和汤滚之。又用鸡肉、火腿切幼，同脆花生、芝麻、瓜子肉炒香，捣幼，加纤头少许，滚匀上碗。味香滑。

芙蓉豆腐

豆腐去皮切十六块，用冷水泡三次去豆气，入汤滚之。加虾米、紫菜同滚后，加鸡蛋拌匀。纤头兜匀，上碗。味甚美。

蚊螆豆腐[1]

白豆腐去皮切幼，加火腿粒，上汤滚之，加纤头上碗。或加鲜虾米切幼，同滚亦佳。味香滑。

① 蚊螆豆腐：疑为淮扬菜文思豆腐的广东制法。蚊螆，即蚊子，意豆腐像蚊子一样细小。

苦瓜扪[1]蛤

将蛤[2]斩件，姜汁酒炒过，用西园苦瓜切牌样，用水滚熟，即放冷水泡过。取起揸干水，同蛤下锅，和原豉、豆豉捹烂，格渣，蒜头二粒同滚至烂，加些纤头、熟油兜匀上碟，加些麻油更佳。味香而野。

酥蛤

去皮切件，用盐花、豆粉揸匀。下油锅，炸酥取起后，用小菜马蹄、旱芹、香信、冬笋切片同炒，加些纤头滚匀上碟。味酥香。

炒蛤片

大蛤起骨、切片，熟油揸过，小菜用冬笋、香信、苔菜、肥肉切片，先炒熟，后下蛤片，炒至紧熟。加纤头兜匀上碟。味香甜。

---

① 扪：应为“焖”。

② 蛤（há）：青蛙。《广东新语·介语》：“蛤生田间，名田鸡，冬藏春出，篝火作声，呼之可获。”

栗子扣蛤

大蛤起皮、切件，姜汁酒炒过，栗子、烧腩、香信同炖至烂，加白油、熟油拌匀上碗。味甘香。

豆豉鱼

用鲩鱼[1]腩，要切大块。用些蛋、面拌匀。下油锅炸酥后，用豆豉水，不要渣，同滚烂，加纤头兜匀上碟。味甘香。

鱼付[2]

鲶鱼起皮骨，琢极幼，和鸡蛋一只、盐水同搅至起胶，作小弹子大，下油锅炸透至黄色取起，即下冷水泡去油气后，用水滚汤。加草菇同滚，其水就用浸草菇之水作汤便妥。味香爽滑。或用小菜同烩亦妙，其名“烩鱼付”。

---

① 鲩鱼：草鱼。
② 鱼付：即鱼腐。

炒鱼扣

用大鱼或大鲩鱼之扣[①]，去外便一层，只用内层爽的，用滚水泡至紧熟，去清腥气，切片，用熟油拌匀。小菜用香信、五香豆干、马蹄、旱芹，先炒熟后，用油炒鱼扣，和纤头兜匀上碟。加些麻油更佳。味爽似“蛤扣”。

鱼云羹

用大头鱼头云[②]，先滚熟，去汤，拆骨，用熟油、白油、黄酒拌匀，用草菇放汤后，下鱼云一滚即上碗。味滑。

炒鱼片

鲩鱼片切成排，勿乱，放在碟上。先炒熟小菜后，下油在锅，将纤头滚匀，即拈起锅，然后下鱼片兜匀，同小菜拌匀上碟。此法爽而不烂。

---

① 扣：指鱼鳔（biào）。
② 云：指鱼脑。

拌鱼片

用鲩鱼起肉去皮，切薄片，碟载，用熟油拌匀。临食时，用黄酒煖[①]至将滚，淋于鱼片上，六七分熟便合。即格干酒，小菜用脆花生肉、炒芝麻、茶瓜丝、姜丝、煎鸡蛋切丝、油炸粉丝、芫茜[②]、菊花、椒末、白油、熟油拌匀食之。甘香甜爽滑。

神仙鱼

鲩鱼一条约重十余两[③]。去鳞脏，近鱼颈处刻一刀，勿使其断开。用布抹干下锅，滚至紧熟后，滚纤头淋之。如食酸或食甜随人调味。此法鲜滑。或用莲叶乘[④]住，饭干水后蒸在饭面上，勿使揭盖便熟。其味鲜美。

① 煖（xuān）：暖，加热。
② 芫茜：即芫荽。
③ 十余两：当时一市斤是十六两，十两约合312.5克。
④ 乘：应为“盛”。

假鲋鱼

用鲩鱼斩碌[1]，用猪网膏包住，照“炖鲋鱼”法便合。

全鲤鱼

原条去鳞脏，用生姜数片，同油、盐、水炖至烂，取起在碟。将原汁和酸梅、白糖、豆粉滚匀，淋在鱼面，底用酸萝卜、砂糖拌匀。在底或瓜英更佳。

酥鲫鱼

先去鳞脏，用盐揸匀，下油锅炸酥后，用豆粉、浙醋、蒜蓉，和些水滚数滚上碟。又：用原豉、豆豉、水同埋[2]滚更佳。

---

① 斩碌：砍成一段段。碌，原作椂。一骨碌，即一段段。
② 同埋：粤语，一同。

拆花鱼[1]

用火烧猛锅[2]，即下鱼在锅。濽[3]去鳞，洗过再用水滚熟。取起拆骨，用黄酒、熟油拌匀。先将小菜苔菜、香信、肉丝、粉丝炒熟，后下鱼肉并纤头，滚匀上碗。再加菊花、香头更妙。味滑。

鱼卷

鲩鱼肉连皮切双飞，豆粉、盐花揸匀后，用鱼肉、猪肉琢幼，和盐水搅至起胶，将鱼片酿成卷，下锅滚之，浮水便熟。取起去汤，加纤头上碗。用小菜烩亦可。味鲜滑。

① 花鱼：红彩光唇鱼，为江河中下层鱼类，生活于石砾底质、水质清澈的溪流中。性杂食，以着生藻类、水草为主食。主要分布于珠江水系、元江水系及海南岛各江河。

② 猛锅：把锅快速加热。

③ 濽：原作攒。濽，意为溅，广东话里表示在烧热的锅里突然放水，这时候水会突然溅起。

酿蚬

将蚬[1]先滚熟，取肉和猪肉、鱼肉同琢幼，豆粉、盐水、熟油搅起胶后，用腊鸭尾、虾米、冬笋、香信、葱白、苔菜俱切幼粒，同拌匀。将蚬壳酿[2]满，合埋[3]在锅，蒸熟上碟。味鲜美。

酿三拼

鸭掌滚熟，拆骨，切作二件；生笋出水，切双飞片；冬菇洗净，共三样。用鱼肉、猪肉琢幼，和盐水搅起胶，将此三物酿齐，下锅蒸熟，砌于碗上。用纤头滚匀，淋在面便妙。味爽甜香滑。

---

① 蚬：软体动物，介壳形状像心脏，表面暗褐色，有轮状纹，内面色紫，栖淡水软泥中。肉可食，壳可入药。亦称“扁螺”。

② 酿：用肉泥状物填满。

③ 合埋：合拢在一起。

酿鲮鱼[1]

大鲮鱼成条削去鳞，在肚偷[2]腩[3]肉，起骨，用猪肉、鲮鱼同琢极幼，和盐水搅至起胶后，用虾米、脆花生肉、香信、葱白切幼粒，齐和匀，酿入鱼皮内，装回原条鱼大，放在油锅煎至黄色取起，加黄酒、白油拌食。味美而雅。

春花

腩肉、鱼肉同琢至幼，用马蹄、香信、菩菜切幼粒，和搅至匀。用猪网膏包住，卷如竹筒样，切七分长[4]，用干豆粉拌匀，下油锅炸熟取起，加纤头滚匀上碟。味香甘。

---

① 鲮鱼：古书上说的一种味鲜美的食用鱼。
② 偷（tōu）：取。
③ 腩：芹香阁版作“清”，据以文堂版改。
④ 七分长：约2.33厘米。

麒麟蛋

用猪肉琢幼，马蹄、香信、苔菜、虾米亦琢幼，和匀，用腐皮包住，用草扎成，如弹子大，扎起放在油锅，炸至黄色取起，切开，用纤头兜匀上碟。味香滑。

卤肝肾

用鹅鸭肝肾、八角二粒和盐花，用水滚熟，取起去汤。用朱油、绍酒、白糖二味少许，同肝肾齐下，滚数滚取起，切片上碟。将汁和些麻油，淋上拌食。

卷煎

煎鸡蛋作皮，用冬笋、香信、虾米、苔菜、猪肉或叉烧俱切粒，先炒熟放在蛋上卷作筒，用些豆粉封口，下油锅，走过油，使其相食不散后，切二寸大一件，趁热上碟，作点心。味甘香。

鸡蛋糕[1]

每只鸡蛋计用上：白糖一两二钱、标面八钱，先将鸡蛋同面乱搅至起，然后落白糖，再搅。总要以搅得箸多[2]为更好。试以箸挑些放于水上，见其泡起便得，用小铜盆载之。隔水蒸半枝香久便熟，俱用武火蒸之，不可漫火[3]停歇。恐有到汗水[4]落，即不松起也。作点心味甚香甜。此味不得落生水，搅蛋、面、糖或揸几的[5]姜汁亦可。

蛋角子

用虾米、腊肉、香信、冬笋、苔菜、五香豆腐共切幼粒，先炒熟。将鸡蛋[6]打匀，用匙羹从少[7]下锅，煎作茶盅口大薄饼，即下材料在中间作馅，即下铲兜埋包如角子样。两便煎至黄色上碟。味甘而香。

① 鸡蛋糕：原作“鸡蛋羔”，据目录改。
② 箸多：用筷子搅动多次。
③ 漫火：慢火。
④ 到汗水：即倒汗水，水蒸气遇冷凝结成水。到，通倒。
⑤ 的：即滴。
⑥ 鸡蛋：芹香阁版漏“蛋”，据以文堂版改。
⑦ 从少：一点点，少量。

茨菇饼

茨菇去衣磨烂，用虾米、正菜、香信、腊肉、腊鸭尾、旱芹俱切幼粒，共和匀，下锅煎作饼如黄色，上碟。味甘香。

全节瓜

节瓜[1]全个，刮去皮毛，切近[2]蒂，一块去囊，将虾米和琢猪肉、香信、正菜入瓜内，盖回蒂，绍酒一杯和水一杯，隔水炖烂。味清爽。

炒黄菜

鸡蛋，用熟油多些，搅至干箸。和好咸虾少许，葱白拌匀。下油在锅煎之，勿使其火老，然后乃滑。味甘香。

---

① 节瓜：又名毛瓜，北瓜。原产我国南部，在岭南各地栽培历史悠久，栽培面积较大。

② 近：别字，应为“净”。

烩生面筋

取标面用水搓成团，后用水泡去澄面[1]，洗净留筋，作小弹大，下油锅炸至起透。取起即下冷水，泡一二次，去油气，用素菜烩之，或三菇水烩亦可。味爽而滑。

芽菜包

绿豆芽菜去蔃[2]，炒七分熟，小菜用茶瓜、姜、香信、五香豆腐、芫茜俱切幼，同炒匀。腐皮每张剪五件，将小菜、芽菜包住，作小粽子样，下油锅煎至黄色，上碟。味甘香而爽甜。此素菜也。

---

① 澄面：又称澄粉，小麦澄面，是用面粉加工洗去面筋，然后将洗过面筋的水粉再经过沉淀，滤干水分，再把沉淀的粉晒干后研细的粉料。即面粉中的淀粉。

② 蔃（qiáng）：根。

炒牛肉

取腌头肉用布拭干血水，切薄片，用盐花、熟油、姜汁酒揸匀，小菜用苦瓜、旱芹、生姜，用阴火下锅，将牛肉铺在上面。盖锅后举火[1]约滚至熟，即加白油、豆粉、白糖少许，白醋些少，兜匀上碟，再加熟油、麻油便合。若苦瓜及旱芹须先用盐揸过乃可。

制乌猫

劏净，用禾草煨过。洗净，开肚去肠脏，斩开，出水一次。下猛锅煎过，用果皮、圆眼肉同滚至八分烂取起。拆骨、切丝后，用鸭丝、香信、苔菜、生笋、蒜头俱切丝，圆眼肉、红枣同烩煮烂，加盐、白油、熟油拌匀，上碟。切切不可下猪肉，猫最忌肥腻。恐滞下些山楂同炖，不可下鸡丝，恐其燥也。猫宜乌色，其次狸色，若黄色则甚热也。

① 举火：改用大火。

炖牛白腩

或根蒂，或腩，先以水滚熟洗净，切件，加生姜、烧酒、盐花，下猛油锅炒之。随下水加黑醋一大杯、八角二粒炖之。水以浸过牛肉面为度，再加生笋或粉藕齐下同炖至烂，汁不可多。食时加干酱、白油、熟油上碗。

南乳肉

用五花肉先将出水取起，切大件，下油锅炸至红色，取起。用绍酒一大杯，开[①]南乳[②]，和水炖至八分烂，下雪耳、香信再炖至烂便好。每斤肉用南乳半砖[③]。猪肉不下油炸亦得。

---

① 开：弄碎。

② 南乳：红腐乳，是用红曲发酵制成的豆腐乳。

③ 半砖：半块。

红水全蹄

猪前全蹄一只，先出过水，取起刮净。用针向皮刺匀。下锅，用京酱[1]、绍酒和水加八角二粒，水以浸过肉面为度，炖至七八分烂。下栗子，炖至极烂，上碗。

罗汉斋

即“混元斋”。

油豆腐（泡去油）、山竹（先滚熟）、白果肉（炒过）、蚝豉（去沙切件）、香信（洗净）、生笋（出水切片）、云耳（洗净浸透）、生百合（洗过）、草菇（洗净沙）。先将蚝豉、生笋、云耳、白果、百合、油豆腐齐下锅，和水炖之。锅心下正菜一大子同滚。加熟油四两同炖至烂后，下草菇滚匀，加白油一杯，拌匀上碗。用些瓜菜同烩亦可。切不可用金菜、腐乳、面酱等件，嫌其不雅也。此法得自淡谷禅师。味浓和。

① 京酱：甜面酱。

十香饭

糯米洗净，用虾米、腊肉、正菜、香信、脆花生肉等件切粒，同和水并熟油煲熟。加煎鸡蛋、葱白、五香豆腐、烧鹅皮，共切碎拌匀。下油煎之，上碟。味香甘软滑。

荷包饭

用顶上油[1]占[2]米，洗净，熟油拌匀。和虾米、叉烧、火鹅[3]皮、香信、熟栗肉共[4]和匀。用荷叶包住隔水蒸至熟，取起拌匀。食之香甘，莞[5]人常用此法。

---

① 顶上油：质量上好的酱油。

② 占：同沾，指浸泡。

③ 火鹅：广州烧鹅。

④ 共：芹香阁版作“用”，据以文堂版改。

⑤ 莞：东莞。

制蚬介

大蚬生去壳取肉，勿浸水，用筛格干水气，将砵载住。蚬肉一斤，炒盐三两，生姜二两炒过，生果皮[①]五钱切粒，白豆四分、炒香八角四粒，同豆炒。双料酒[②]三两，将蚬肉并材料拌匀。用些蚬肉汁同拌入罂，熟油封口，俟十日间可食。味香滑而野。

制柚皮

柚皮水泡去清苦味。柚皮一个，膏汁四两，豆豉一两，原豉二两，舂极幼，格渣。朱油、白油三杯，黄糖[③]一件，合和匀在柚皮上。隔水炖至极烂后，加炒芝麻和匀，在皮上取食。味香而滑。

---

① 生果皮：鲜橘子皮。广东人称水果为生果。

② 双料酒：大米、黄豆制酒曲的酒，也称双蒸酒，以南海九江镇产有名。

③ 黄糖：指黄片糖，制成片状的黄糖。广东特产。黄糖带有一股类似焦糖的特殊风味。

制杬子[1]

用新油杬子，取无盐者，每杬一斤，用白油六两拌匀，晒之。如白油尚剩，再浸再晒至干，入罂内，俟过热气取食。味香而和。若霜降后不可买，恐有松香气也。

咸虾仁面

仁面[2]用油炒过，紧至青色为度，取起。约仁面一斤，用好咸虾四两，拌匀入罂，熟油封口。二日返[3]一次，如有水颌出[4]，滚过，俟停冻再入罂浸之，八日可食。味甚开胃。

① 杬（yuán）子：杬，应为“榄”字简写。杬子，即榄角，由广东信宜市特产果树黑榄的果实加工制成，以肉厚味鲜闻名。

② 仁面：仁面树核果的内果皮有几个小眼点，像女孩的脸庞，所以称为人面果。仁面树主要分布在广东。

③ 返：翻动。

④ 颌（hé）出：溢出。

豉仁面

先将仁面用刀戒[1]开，上面四索[2]，下便勿使相离。用油炒过。每斤仁面用淡豆豉四两、盐三两俱炒焦，研末，和芝麻及香料共为拌匀。兼在仁面索内入罂，用熟油封口，十日可食。味和而香爽。

制皮蛋

鸭蛋一百只，武夷茶[3]四两，煎浓取汁。筛过石灰三饭碗，筛过集灰[4]七饭碗，盐十两，拌匀，和作团，分作百个，每只蛋用一个包住。用柴灰洒[5]匀，放入缸内，四十日勿动，可食。如欲有花纹，竹叶灰、松叶灰、梅花灰和入柴灰内，即存花纹。

---

① 戒：即锲（jiè），粤语，割，剖。

② 索：瓣。

③ 武夷茶：产于福建闽北武夷山一带的具有岩骨花香品质特征的乌龙茶。

④ 集灰：积灰，即柴灰。

⑤ 洒：原作“晒”，意为撒。

制腊肉

猪肉精肥各半，每斤用盐三钱擦匀，放在盆内腌过一宿。递朝[1]取起，以大热水拖过，挂爽，洒一日后，用好朱油和干酱擦匀，晒至干，入缸。或用纸封密，挂近烟火处。味自香美，冬前为佳。

腊猪头

猪笑面皮薄者为佳。用硝盐[2]擦过皮，腌至过夜。取起，用大热水洗过，挂日头处，复晒干。用朱油、汾酒、干酱搽匀，晒干，入缸数日方可食。味香爽。食时须要片薄。

---

① 递朝：粤语，第二天一早。

② 硝盐：一种白色粉末状固体，成分是硝酸钠和亚硝酸钠，可以起到防腐和发色作用，用于防腐，使制品色泽漂亮。

腊猪肠

用肥肉少、瘦肉多切碎，每斤用盐三钱，朱油、汾酒、生果皮丝和匀入肠内，扎住，以针刺之，晒干入缸。猪肠要细条的，去清膏衣乃可。初入起晒时，用热水淋过方可晒，取其鲜明。必遇好北风腊之，若南风[①]便不佳矣。

腊猪膶

取干水猪膶原件，针刺过。用盐腌去血水，晒一日夜。用姜汁、汾酒、白油腌之，再晒。至夜间用砖责实[②]，次日又用所余姜汁酒腌之，晒至干透入缸，数日可食。蒸熟，兼腊肉上面。味甘香。

① 南风：芹香阁版作“回”，据以文堂版改。
② 责实：压结实。

金银膶

先将猪膶切成大长条，中穿一大眼。用盐腌去血水，晒一日。用姜汁、汾酒、白油腌之，中间入肥腊肉一条，挂当日处晒干，入缸，蒸熟，切片，肥肉自然相贴不离。味甘香。

肥肉豉

凡肥肉豉不可晒十分干，太干则坚木，不可用。肥脢肉切厚块，每斤用盐二钱五分，好朱油搽匀，晒干入缸，味香。此物只初起北风腊便可，至冬时则有腊肉，无用此也。

腊猪心

猪心切开如一块样，用盐腌去血水，晒干后用白油、汾酒搽匀，晒至九五干便可入缸。蒸熟切薄片食之。味甘香。

金银肠

用猪闰[1]切片，盐腌去血水。猪肥肉切件，多些瘦肉，汾酒、朱油、生果皮丝，每斤盐二钱和匀，入肠内扎好。针刺过，热水淋过，挂起晒干。入缸数日方可食。味更甘香。

腊猪肚

取近蒂处切开，如成块，用盐腌去水气后，用汾酒、姜汁、白油拌匀，晒至九五干便可入缸。蒸熟切薄片，味香而爽。不可晒至极干，恐其不爽也。

腊脚包

用鸭掌拆骨，盐腌过。用鸭闰切长条，姜汁、汾酒、朱油腌过；肥肉切长条。用鸭肠洗净，姜汁酒、豉油亦腌过，切五六寸长。一条肥肉，一条闰，将鸭掌包住，用鸭肠扎实，晒干，入缸。蒸熟，味香而甘。

① 猪闰：即猪膶，猪肝。

腊猪脚

用猪手取细者，切开成块。先刮去毛，用盐及汾酒、白油腌过，晒干，入缸。食时斩开，同蚝豉炖烂，或用生猪脚同炖亦佳。味甘香。

腊烧肉

斩至八两一段，用朱油、汾酒腌过，晒干，入缸。如食时斩块，同蚝豉煲烂。味极甘香。

腊绵羊肠

将羊肉切碎，用姜汁、汾酒腌过，和肥肉、朱油，每斤用盐三钱，和匀。照“腊猪肠”法便可。味甘香。

腊鲮鱼

鲮鱼去鳞，开搌[1]，用盐腌。过一夜，次早用热水淋过，晒干，埋缸。每条斩开三四件，去头，用糯米糖腌之入缸，用熟油封口，三五日可食。下饭蒸至紧熟便妙。味香甜而滑。

晾肉

每肉一斤，先用淮盐[2]二钱、熟盐钱半、白糖钱半、牙硝[3]五分擦匀。将肉先晾一日后，落好原豉五钱，杵极烂，上朱油钱半，汾酒两钱，和匀涂在肉上。用沙纸封好，挂在当风处，候吹干便可食。常挂在檐边有风无日处，虽雨水天、南风亦不变坏。其法甚佳，外江人[4]多用此法。

---

① 搌（zhǎn）：（用松软干燥的东西）轻轻擦抹或按压，吸去湿处的液体。

② 淮盐：广东人指五香盐，用五香粉炒过的盐。

③ 牙硝：芒硝。

④ 外江人：广东人称长江左近及以北数省为外江，称其人为外江人。泛指外省人。

《美味求真》研究

何　宏

《美味求真》是清末民初在广州及周边地区流传及广的一部菜谱。由于菜谱主要在广州周边流传，这部菜谱在烹饪界很少被人所知，以至于研究烹饪古籍最权威的两本书——《中国烹饪文献提要》[1]和《中国烹饪古籍概述》[2]都没有提及。

最早介绍这部书的是到日本开餐馆的广东华侨。1936年，署名为“横浜博雅亭主人”的作者在日本的烹饪刊物《营养和料理》上发表了《食品求真例言》[3]，主要是向日本读者介绍广东菜的特点并对《美味求真》的《例言》（著作前用来说明体例的语言文字）部分作了详细的解说。据笔者考证，“横浜博雅亭主人”是位于横滨的博雅亭广东餐馆第二代传人鲍博公的笔名。鲍博公的父亲鲍棠（1855—1905年）于1869年到日本，1899年在横浜开了博雅亭。鲍博公是鲍棠的四子。从这不难看出，《美味求真》流传极广，以至于长期在日本居住的广东华侨手头也有。

2003年的一则报道[4]又使沉寂多年的《美味求真》浮出水面。“日前，珠海市一名书法家逛旧货市场时，意外发现一本清朝光绪十三年的粤菜菜谱，里面收录了180种粤菜做法，但其中有80多种粤菜的传统做法已经失传。”“菜谱表面已经破旧不堪，在封面上印有菜谱名《美味求真》，并印有‘光绪十三年新选’‘粤东省城薄食堂板’字样。”

《美味求真》的版本

虽然在文献中几乎没有《美味求真》的记录，但最近几年，《美味求真》的各种版本在民间书市却出现不少。仅笔者就收藏有两种版本。所见书影有八种之多。另外，还有耳闻两种版本，共有十种版本。这十种版本是：

以文堂版

笔者本人收藏。封面题名《新出美味求真》，并有“状元坊内太平新街 以文堂藏版”字样。木刻本，三十五页，每面12行，25字，白口四周单边单鱼尾。

麟书阁版

封面题名《美味求真》，并有“麟书阁机器印”字样。木刻本。版式与以文堂版基本相同。

守经堂版

封面题名《美味求真》，并有“守经堂机器印”字样。木刻本。版式与以文堂版基本相同。

五桂堂版

版式一：封面题名《美味求真》，并有“内附时欵酒菜便览　一目了然　粤东省城七甫五桂堂版”字样。木刻本。三十页，每面10行，21字，白口四周单边单鱼尾，内容至第147个菜谱“鸡蛋糕”止。

版式二：封面题名《新出美味求真》，并有“第七甫　五桂堂藏版”字样。扉页与版式一封面相同。木刻本。三十九页，每面10行，21字，白口四周单边单鱼尾。

▍载经堂版

封面题名《美味求真》，并有“内附时欵酒菜便览　一目了然　粤东省城八甫载经堂版”字样。木刻本。三十八页，每面10行，21字。

▍佛山芹香阁版

笔者本人收藏。封面题名《美味求真》，并有“内附时欵酒菜便览　一目了然　粤东佛镇走马路街芹香阁版”字样。木刻本。三十九页，每面10行，21字。

▍佛山近文堂版

封面题名《新出美味求真》，并有“佛山市近文堂书局版”字样。内不详。

▍大新书局版

封面题名《新出美味求真》，并有“民众食谱　广州市著名厨师编　广州光复中路大新书局印行”字样。铅印本，三十面，每面17行，28字。

▍薄食堂版

在封面上印有菜谱名《美味求真》，并印

有“光绪十三年新选”“粤东省城薄食堂版”字样[4]。内不详。

▍翰文堂版

封面题名《新辑美味求真》，并印有“满汉酒菜便览”“翰文堂版”字样，木刻本，三十九页(例言一页，目录三页)，每面10行，21字，白口四周单边单鱼尾[5]。

《美味求真》版本分析

▍印刷书坊

古代广州的印刷机构有书肆、书棚、书林、书堂、刻字铺，统称书坊。前期为传统的雕版印刷，明代已有“广版”之称，乾隆年间以刻工价廉而闻名，至道光、咸丰年间大盛，书坊数量之多仅次于北京、苏州，在全国居第三位，计共大小120多家。这些书坊规模大小不等，历史也长短不一，多是前为店后作工场的形式，既售本铺刊行的书籍，也兼售他处的出版物。广州光复路一带的私营书坊，如藏经阁、麟书阁、崇德堂、以文堂、六经堂、五桂堂等，以及十六甫的萃古堂、群经阁，十八甫的品经堂、石圣堂、太白书楼，文德路的九经阁、凰文楼、芸书阁、文华阁、研经阁、大文堂等等大都售书兼刻书，虽然规模很小，且属手工操作，倒也能满足一般市民对旧小说连环画、通历、年画等的需要[6]。印行《美味求真》的以文堂、麟书阁、守经堂、五桂堂、载经堂、薄食堂、翰文堂等书坊就是广州这大大小小的书坊中的一部分，这些书坊有些一直到民国还在刊印书籍。

而当时的南海县佛山镇，清末民初书坊也有大小20余家[7]。近文堂、芹香阁即是佛山的书坊。佛山书坊以刻印面向低层大众的木鱼书（曲艺唱本）享盛名。

大新书局版的《新出美味求真》由于采用铅印，平装，而且其书局的命名完全不同于前清的传统命名方法。其封面印有“民众食谱”这样的新式词汇，结合其他资料[8]，应判定是民国成立后的新式书局。

综上所述，以文堂、麟书阁、守经堂、五桂堂、载经堂、薄食堂、翰文堂是清末民初的广州书坊，近文堂、芹香阁是清末民初的佛山书坊，大新书局则是民国时期广州的新式书局。

从以上如此众多的书坊都印行《美味求真》来看，也许还有其他广州或者佛山的书坊印行这本菜谱。这有待于以后的发现。也许正是当时没有所谓“版权”意识，才会致使《美味求真》有众多版本和销量。

印刷年份

从书坊存在的时间及其印刷方式判断，《美味求真》的印刷时间大致应该在清末民初。最早有可能是光绪十三年（1887年）[4]。

其中麟书阁、守经堂由于标明是“机器

印”，估计应是民国初年。根据五桂堂后人徐应溪老先生的回忆，认为机器板就是雕版机器印，在民国初年，五桂堂引进一种日本印刷机，这种机器采用电力，自动上墨[9]。

大新书局版的《新出美味求真》在民国时期刊印。

版式

传统书坊采用木刻本印刷，线装，主要有两种版式。一种每面12行，25字，白口四周单边单鱼尾，菜名采用阴刻，菜谱紧接在菜名下，中间空一字。以文堂版、麟书阁版、守经堂版即是此种版式。

另一种每面10行，21字，白口四周单边单鱼尾，菜名采用阳刻，菜谱另起一行，与菜名不同行。五桂堂版、载经堂版、芹香阁版即是此种版式。

大新书局采用铅印本印刷，双面印，共30面，每面17行，28字。这是新式书局采用西方印刷技术后，装订方式采用了平装本。

印刷质量

以文堂版、麟书阁版、守经堂版刻字大小、粗细基本一致，边线粗而均匀。五桂堂版、载经堂版、芹香阁版刻字工整性较前者差，边线粗细、墨色浓淡不匀。

木刻本总体刻印粗糙，别字不少。这和“广版”刻印书主要面向下层群众，刻工印工价廉质差有关。

《美味求真》内容分析

大部分版本均有例言、目录和正文三部分。但目前仅见芹香阁版有序。而序是研究《美味求真》重要的文本依据。现将序抄录如下[10]：

> 盖饮食必先求于本真。夫山珍海错，各有性之。不同在制法，须当分其味之浓淡而别之，小菜配合得宜也。古者伊尹割烹，易牙调和，亦不能出此范围之外。且世人知食者多，知味者少。而精此道者，尤为鲜矣。仆遍历诸酒肆中，每以粉色应酬，徒为悦目之资，实无适口之馔。仆本未识天厨之味，然一饮一啄必究。夫物之质性，细加考订，故著是书，曰《食品求真》，取其不尚繁华，务求真实之意。卷内所详明，款款俱历诸口，即质于同好者辨之，必谓曰："夫烹饪之道，不外乎得法者焉。"俾执爨者，亦可以依样葫芦，不至有无下箸处也。述此数语，以缘志起欤！是为序。
>
> 时　光绪十三年季夏
>
> 红杏主人识于仰苏慕李轩

从这个序里，我们可以分析得到许多信息。

书名

多数版本封面直书《美味求真》，以文堂版、近文堂版封面题名《新出美味求真》，五桂堂版也有一种版式为《新出美味求真》，大新书局版为《新出美味求真》。翰文堂版则为《新辑美味求真》。单从“新出”或“新辑”判断出版时间的早晚并不可靠。晚如大新书局版，言“新出”，意为“较老版为最新出版”；如果是别家未出我先出，也可说“新出”，有“原先没有这本书，我是最新的”之意。

《美味求真》是这本菜谱出版后通用的书名。但从序中“夫物之质性细加考订，故著是书，曰《食品求真》”来看，作者写作时是把书名定为《食品求真》的。各个版本的例言部分无一例外刻印的是“食品求真例言”，也可验证作者的本意。那为什么在印刷成书时书名就变了呢？清末时，“食品”一词使用没有现代广泛，词义和现代也有差异，一般是指经过精细加工的食用品。而“广版”书面向大众，《美味求真》则通俗得多。事实也证明，使用《美味求真》大众的接受度提高，多家书坊争相出版，就是因为该书在民间有广大的市场。

作者及写作时间

作者或编纂者，就是本书序的作者。序中有：“仆遍历诸酒肆中，每以粉色应酬，徒为悦目之资，实无适口之馔。仆本未识天厨之味，然一饮一啄必究。夫物之质性细加考订，故著是书，曰《食品求真》。”“仆”是古代男子称呼自己的谦称，不难看出，序是作者的自序。

遗憾的是，作者未署名，仅署了号及室名，笔者查阅了相关资料[11, 12]，未果。作者或编纂者，姓名生平待考，号红杏主人，室名仰苏慕李轩，应是广州人或久居广州的广东省人。室名仰苏慕李轩，其“苏”“李”是何人，让红杏主人仰慕至极？如果作者精于老饕之道，那么作为文人，他追慕的对象也应是在此方面有极高造诣且为社会主流相容者。笔者妄加揣测：“苏”是苏东坡，“李”是李渔。这需要挖掘出作者更多的信息才能证实。

完稿时间在“光绪十三年季夏”，亦即1887年的夏天。

写作缘起和目的

作者红杏主人为什么要写一本在传统文人看来上不了台面的菜谱呢？答案就在他写的序中。作者认为：饮食要求本真，而食物各有其性，差别在于做法不同，搭配不同。作者言及“遍历诸酒肆”，但结果却是“无适口之馔”，其原因在于：“世人知食者多，知味者少。”但是红杏主人却在乎“一饮一啄”，考究食品的物性。同时表明，所写的菜谱，均亲自品尝过，并请同样讲究吃喝的老饕也尝过。同时他也宣称其目的是让做菜的人（包括酒肆的厨师和家中的掌勺）依照菜谱提供的方法，比葫芦画瓢，做出的菜好吃些，不至于让人无处下筷。

目录与内容

在笔者所见的版本中，目录均列186个菜点。但不知什么原因，所见的版本中正文都只182个菜点，缺少最后4个："制酒法""香花酒""甘露酒""归圆酒"。笔者经眼的一本有序的抄本里也是如此。另外，前述五桂堂出过一种"删节"版本，内容至第147个菜谱"鸡蛋糕"即以"终"告结束。

兹将目录中的186道菜点抄录如下：栗子鸡、八块鸡、熨鸡、草菇炒鸡片、苦瓜炒鸡、糟鸡、鸡蓉、鸡鸭会、会鸡丝、清蒸鸡、走油鹌鹑、炒鹌鹑、鹌鹑松、五香白鸽、炒白鸽、蒸乳鸽、全白鸽、炒鹧鸪、全鹧鸪、葵花鸭、煎软鸭、鸭三味、全鸭、神仙鸭、冬菜鸭、清炖鸭、新陈鸭、鸭羹、会鸭丝、清炖鸭掌、炒鸡掌、窝烧绵羊、红炖绵羊、清炖绵羊、炒绵羊、炖绵羊头、吊上汤、熬素汤、一品锅、燕窝羹、炖鱼翅、炖群翅、芙蓉鱼翅、清炖鱼肚、会鱼肚、海参羹、黄鱼头、海秋筋、鲍鱼、炙鱿鱼、炒鱿鱼、炖大虾、扪蚝豉、炙蚝豉、蚝豉松、冬菇、毫菇、草菇、榆耳、雪耳、石耳、羊肚菜、葛仙米、发菜、芙蓉肉、什锦肉、子盖肉、米砂肉、酥扣肉、薄片肉、红扣肉、白水全蹄、栗子扣肉、蒸猪头、滑肉羹、熨猪手、烧肝肠、窝烧肠、炒排骨、炒银肚丝、炒猪肚、凉办肚、葛扣肉、金银腿、冬瓜腿、肇菜腿、鸳鸯鸡、水晶鸡、棋子鸡、全鹅、拆烧鹅、炒鹅片、炒鹅掌、鸡蓉鱼翅、炒鸭掌、炒响螺、炖水鱼、炖山瑞、炖耳蟮、炖退骨蟮、炒马鞍蟮、会蟮羹、炖鲥鱼、炒鲥鱼、炖鲟龙、炒鲟龙、鲈鱼羹、炒鲈鱼片、芙蓉蟹、蟹翅丸、酥蟹、糟蟹、翡翠蟹、蟹羹、蟹烧茄、炒明虾、炒虾仁、芙蓉虾、瓜皮虾、虾子豆腐、八宝豆腐、芙蓉豆腐、蚊蝱豆腐、苦瓜扪蛤、酥蛤、炒蛤片、栗子扣蛤、豆豉鱼、鱼付、炒鱼扣、鱼云羹、炒鱼片、拌鱼片、神仙鱼、假鲥鱼、全鲤鱼、酥鲫鱼、拆花鱼、鱼卷、酿蚬、酿三拼、酿鲶鱼、春花、麒麟蛋、卤肝肾、卷煎、鸡蛋糕、酿角子、茨菇饼、全节瓜、炒黄菜、会生面筋、芽菜包、炒牛肉、制乌猫、炖牛白腩、南乳肉、红水全蹄、罗汉斋、十香饭、荷包饭、制蚬介、制柚皮、制杬子、咸虾仁面、豉仁面、制皮蛋、制腊肉、腊猪头、腊猪肠、腊猪膶、金银膶、腊肉豉、腊猪心、金银肠、腊猪肚、腊脚包、腊猪脚、腊烧肉、腊棉羊肠、腊鲶鱼、晾肉、制酒法、香花酒、甘露酒、归圆酒。

如果和现在的粤菜相比较，一百多年前

的广州菜可能正像书名所言更求本真之味。虽然很多菜的菜名现在还保留着，但是现在的做法和当时完全不同。以第一个菜“栗子鸡”为例，《美味求真》：

用肥鸡斩件，用盐花、朱油揸匀。下油锅，炸至黄色取起。用绍酒一杯，水一碗，约浸至鸡面，滚至七八分烂后，下栗子、香信，再滚至烂。起碗时加些白油，味香而滑。

《中国名菜谱·广东风味》也有“栗子炖鸡”[13]：

将鸡宰杀，在背部剖开，去内腔，敲断四柱骨，去掉胸骨、锁喉骨，放进沸水锅略滚（氽），取出，去净绒毛、黄衣、污物。

把猪肉、火腿均切成粒，每粒约2厘米，放入沸水锅内略氽，取出；将栗子外壳划破成十字，放入沸水锅内氽约20分钟，取出，去壳、衣，再氽约1分钟，取出，放进盅内；然后按顺序加入猪肉粒、火腿粒、香菇、鸡、姜、葱、精盐、绍酒和白开水750克，加盖，入蒸笼用中火炖约1小时30分钟至软烂，去掉姜、葱，取出熟鸡，滗出原汤，用洁净毛巾滤清；将鸡仰放回盅内，加上汤、原汤，上盖，入蒸笼，用中火炖约30分钟，撇去汤面浮沫，再用小火炖约20分钟，加味精即成。

从两者的比较中可以看出，同为栗子（炖）鸡，配料选取、刀工方法、成熟工艺、制作过程等迥异。还有一些菜，现在基本上失传了。

结束语

综上所述，《美味求真》是清末面向中下层大众的一本广州及周边文化区域的普及性菜谱，反映了清末广州地方饮食风格，在广州及周边地区自1887年至民国早期由多家出版机构印刷发行，版本众多。当时读过这本菜谱的厨师应不在少数，对粤菜早期的发展产生了重大影响。作者或编纂者，姓名生平待考，号红杏主人，室名仰苏慕李轩。

《美味求真》汇集了菜谱182种，逐条而记，除记录主料、配料外，较详细地说明了烹调方法，有较高的参考价值。所记菜谱有“三鸟”（鸡鸭鹅）禽类、畜类（猪牛羊）、海鲜水产、腌腊制品等，也有点心、素菜，甚至还有“制乌猫”，反映出广州饮食的特色。

作为目前发现的罕见的岭南地区专门论述

饮食文化的古代著作，《美味求真》在我国饮食文化发展史上占据一定的位置，是一本重要的古代广东饮食文化文献，在广东菜肴发展史中的地位更是举足轻重。

笔者希望能够早日将点校注释的《美味求真》出版，为研究古代烹饪，尤其是广东烹饪提供重要的参考资料。

参考文献

[1] 陶振纲. 中国烹饪文献提要[M]. 北京：中国商业出版社，1986.

[2] 邱庞同. 中国烹饪古籍概述[M]. 北京：中国商业出版社，1989.

[3] 横浜博雅亭主人. 食品求真例言[J]. 栄養と料理. 1935，1（7）：25-26.

[4] 汪雯. 淘旧货淘出清代菜谱　180种粤菜80多种已失传[N]. 南方都市报 2003-12-17.

[5] 清末至五十年代木鱼书之封面及目次[EB/OL]. hk.geocities.com/kintim/covers/pages/covers139_jpg.html. 2009-01-01.

[6] 金炳亮. 近代广东印刷业发展概况[J]. 广东史志. 1994，（1）：50-52.

[7] 张秀民. 中国印刷史（增订版）[M]. 杭州：浙江古籍出版社，2006：397.

[8] 倪俊明. 民国时期广东图书出版史述略[J]. 广东史志. 1994，（3）：37-44.

[9] 吴英姿. 古代岭南文化大百科　佛山木鱼书可能成绝唱[EB/OL]. 中国经济网. http://www.ce.cn/kjwh/scpm/tzjb/tsbk/tsgd/200902/24/t20090224_18304426.shtml. 2009-02-24.

[10] 红杏主人. 美味求真[M]. 佛山：芹香阁，清光绪十三年（1887）.

[11] 杨廷福、杨同甫编. 清人室名别称字号索引[M]. 上海：上海古籍出版社，1988.

[12] 陈乃乾编. 室名别号索引（增补本）[M]. 北京：中华书局，1982.

[13] 广东省饮服公司等编. 中国名菜谱·广东风味[M]. 北京：中国财政经济出版社，1991：83.

注《美味求真》研究原载《扬州大学烹饪学报》2009年第3期

图书在版编目（CIP）数据

美味求真 /（清）红杏主人撰；何宏校注．—北京：中国轻工业出版社，2024.1

（中国饮食古籍丛书）

ISBN 978-7-5184-3832-7

Ⅰ．①美…　Ⅱ．①红…　②何…　Ⅲ．①粤菜—菜谱—清代　Ⅳ．①TS972.182.653

中国版本图书馆CIP数据核字（2022）第002524号

责任编辑：方　晓

策划编辑：史祖福　方　晓　　责任终审：劳国强　　封面设计：董　雪

版式设计：锋尚设计　　责任校对：吴大朋　　责任监印：张　可

出版发行：中国轻工业出版社（北京鲁谷东街5号，邮编：100040）

印　　刷：鸿博昊天科技有限公司

经　　销：各地新华书店

版　　次：2024年1月第1版第1次印刷

开　　本：787×1092　1/16　印张：6.5

字　　数：120千字

书　　号：ISBN 978-7-5184-3832-7　定价：52.00元

邮购电话：010-85119873

发行电话：010-85119832　010-85119912

网　　址：http://www.chlip.com.cn

Email：club@chlip.com.cn

如发现图书残缺请与我社邮购联系调换

171353K9X101ZBW